KB140646

도로를 건너는
야생동물

국립생태원

국립생태원은 사람과 자연이 함께 살아갈 수 있는 환경을 만들기 위해
연구, 교육, 전시를 담당하는 기관입니다.
국립생태원은 사람이 머무는 모든 곳이 자연을 배우는 교실이 되기를 바랍니다.
자연이 우리의 미래가 되기를 바라는 마음으로, 소중한 생태 정보와 이야기들을
다양한 책으로 만들고 있습니다.

소소한소통

세상의 모든 정보를 '쉽게' 만들어 가는 사회적기업.
정보에 소외된 사람들의 알 권리를 위해 다양한 콘텐츠를 만들고 있습니다.
일상의 소소한 순간까지 소통의 어려움이 없는 삶을 꿈꿉니다.

일러두기

- 이 책은 2016년 10월에 국립생태원에서 발행한 『도로 위의 야생동물』 책의 내용 중 일부를 뽑아서 만들었습니다.
- 이 책은 쉬운 정보가 필요한 분들의 이해를 돕기 위해 문장을 쉽게 풀어 쓰고 단어를 쉽게 바꿔서 사용하였습니다.

도로를 건너는 야생동물

글·그림 소소한소통   엮음 국립생태원

국립생태원
NIE PRESS

'로드킬'이라는 말 들어 본 적 있나요?
야생동물이 자동차에 치여 죽는 것을 로드킬이라고 해요.

로드킬은 우리 주변에 도로가 너무 많기 때문에 생기는
사고예요. 우리는 도로 덕분에 자동차를 타고 더 멀리,
더 편하게 이동할 수 있지만 야생동물들은 도로 때문에
집을 잃고, 목숨도 잃고 있어요.

야생동물도 우리와 똑같이 소중한 생명이에요.
로드킬을 막으려면 도로 주변에 튼튼한 울타리를
설치하고, 야생동물이 안전하게 지나갈 수 있는 길을
만들어 줘야 해요. 하지만 가장 중요한 것은 우리 모두
로드킬에 관심을 갖는 거예요.

지금도 수많은 야생동물들이 도로 위에서 죽고 있어요.
야생동물이 우리 곁에서 함께 살아갈 수 있도록
로드킬 문제에 관심을 가져 주세요.

순서

1부
로드킬이란?

로드킬에 대한 대화 💬

 고라니
나 아까 진짜 큰일 날 뻔했어.

 수달
왜? 무슨 일 있었어?

 고라니
여기 오다가 자동차에 치일 뻔한 거 있지.

 수달
어디 안 다쳤어? 얼마 전에
나도 자동차에 치일 뻔했잖아.

 고라니
큰일 날 뻔했네.
요새 '로드킬' 문제가 심각하더라.

 수달
로드킬이 뭐야? 들어보긴 했는데…

 고라니
야생동물이 자동차에 치여 죽는 걸
로드킬이라고 한대.

 수달
그게 로드킬이었구나. 주변에서
로드킬당한 친구들을 많이 봤어.

 고라니
그러니까 말이야. 정말 조심해야 해.

로드킬에 대한 불편한 마음

'교통사고'라는 말을 들으면 어떤 생각이 드나요?
끔찍하고 안타까운 일이지만 교통사고 소식이 자주 들려서인지
이제는 익숙하기도 해요. 이렇게 익숙해지기 전에 처음으로
교통사고를 겪은 사람들은 어땠을까요?

우리나라 최초의 교통사고는 1899년에 일어났어요.
지금의 지하철과 비슷한 전차가 서울에 처음 생겼을 때,
5살 어린이가 전차에 치여 죽는 사고가 있었지요.

이 사고 소식을 들은 사람들은 화가 나서 전차를 부수고 불태웠어요.
그만큼 이때 사람들에게 교통사고는 큰 충격이었지요.
지금은 더 많은 사람들이 교통사고로 다치거나 죽지만
사람들은 그때처럼 화내거나 관심을 가지지 않아요.

그럼 동물이 당하는 교통사고인 '로드킬'은 어떻게 생각할까요?

로드킬은 야생동물이 자동차에 치여 죽는 사고예요.
어떤 사람들은 운전하다가 동물을 치거나,
자동차에 치인 동물을 봤을 때 안타까운 일이 아니라
기분 나쁜 일을 겪었다고 생각해요.

하지만 로드킬은 동물에게도, 사람에게도 위험한 교통사고예요.
동물이든, 사람이든 모두 소중한 생명인 만큼
로드킬을 줄일 수 있도록 우리 모두 관심을 가져야 해요.

사진 1-1 로드킬을 당한 담비

우리나라에서 로드킬은
언제 시작되었을까?

우리나라에는 1990년대부터 자동차를 타는 사람이 많아졌어요.
자동차가 많아지면서 도로도 많이 늘어났지요.
산이나 논밭이 있던 곳에 도로가 생기고
도로 위를 지나는 동물들도 많아졌어요.

자동차도 많아지고, 도로도 많아지자 로드킬을 당하는 동물이
점점 늘어나기 시작했지요. 이전까지 '야생동물 교통사고',
'충돌 사고' 등 다양한 이름으로 불렀던 '로드킬'은
1990년대부터 '로드킬'이라는 단어로 불리기 시작했어요.
여러 사람이 쉽게 이해하고 부를 수 있는 단어가
필요해졌기 때문이에요.

사진 1-2 로드킬을 당한 고라니

우리의 무관심

2001년부터 2004년까지 고속도로에서 로드킬로
죽은 동물은 3,000마리나 돼요. 이 사실을 알게 된 사람들은
특히 2004년부터 로드킬에 관심을 가지기 시작했어요.

로드킬에 대해 알게 된 사람들은 어떤 생각을 하게
되었을까요? '자연을 지키기 위해 운전을 조심해야 한다',
'야생동물 때문에 운전자가 위험하다',
'죄 없는 동물이 죽었다' 등 여러 가지 생각을 했어요.

그중에서도 사람들은 죄 없는 동물이 죽었다는 이야기에
더 관심을 많이 가졌지요. 이후로 로드킬은 사회에서
중요한 문제가 되었어요. 2004년부터 2015년까지
로드킬에 대한 기사는 점점 늘어났지요.

하지만 사람들의 관심은 시간이 지나면서 다시 줄어들었어요.
로드킬에 대해 처음 알았을 때는 놀랍고 새로웠지만
이제는 자주 접하는 만큼 익숙해졌기 때문이에요.
마치 사람이 당하는 교통사고 소식이 익숙해진 것처럼요.

2004년

2004년 10월에
로드킬과 관련된 첫 번째 뉴스 기사가
발표되었어요.

2007년

뉴스 기사 하나에 5,387개의 댓글이
달렸을 만큼 로드킬에 대한
사람들의 반응이 엄청났어요.

2015년

하지만 로드킬이 점점 익숙해지면서
사람들의 관심도 점점 줄어들었죠.

2부

로드킬을 당하는 동물들

- 로드킬에 대한 대화
- 로드킬을 당하는 동물의 종류
- 고라니
- 고양이
- 양서류
- 파충류
- 조류
- 멸종 위기 동물

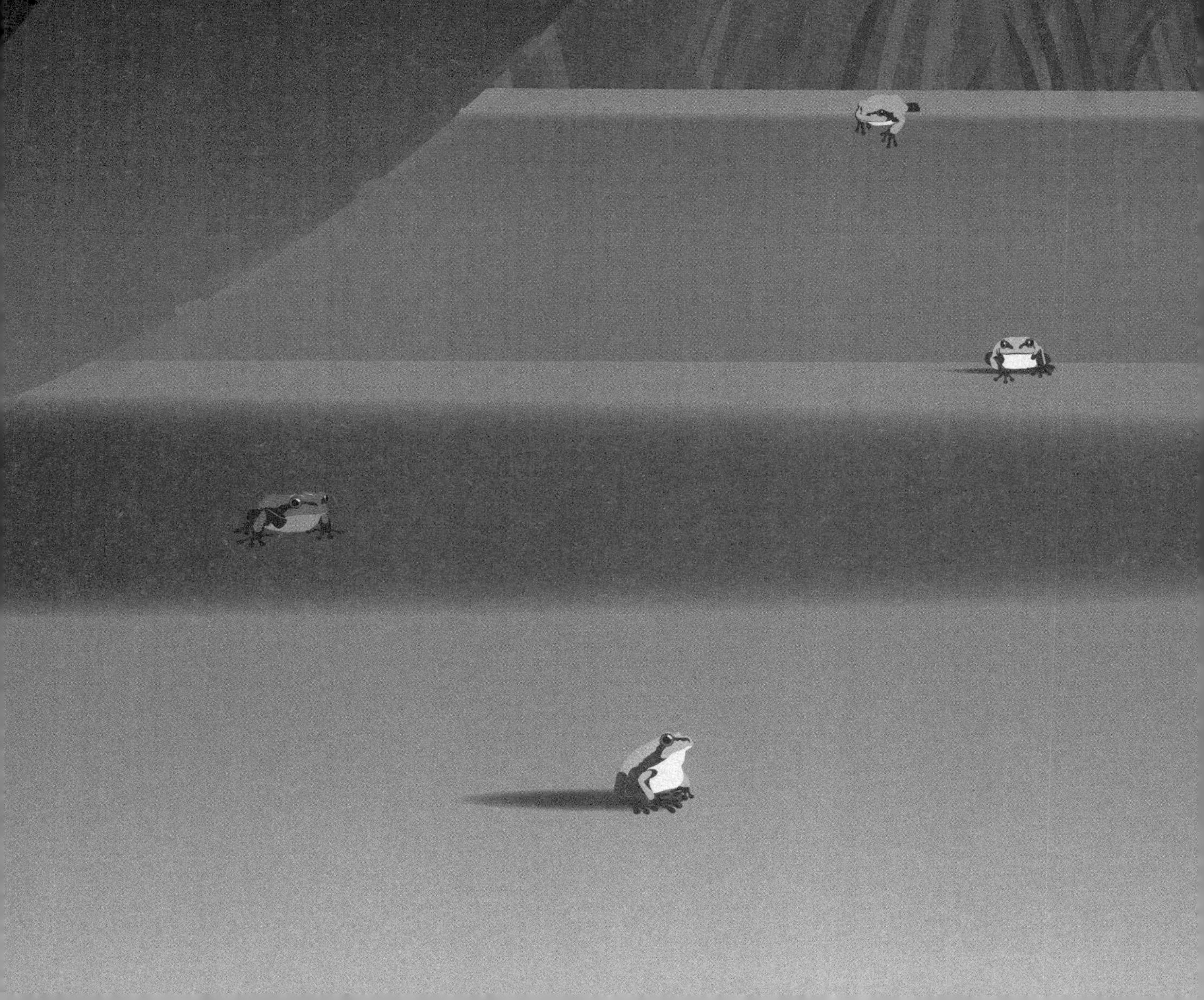

로드킬에 대한 대화

수달
고라니야, 너는 동물이
로드킬당한 거 본 적 있어?

고라니

그럼 많지. 고라니, 고양이, 비둘기, 꿩…
진짜 많이 봤어. 너도 그래?

수달
응. 나는 두꺼비랑 개구리, 뱀, 참새…
나보다 작은 동물들이 당한 걸 많이 봤어.

고라니

작은 동물은 로드킬당한 흔적이
금방 없어지더라.

저번에 뱀이 죽은 걸 봤는데
비 오니까 금방 사라져 버렸어.

수달
나도 개구리 여러 마리가 죽은 걸 봤는데
다음 날 보니까 아무것도 안 남아 있더라.

고라니

흔적이 사라지니까 누가 죽었는지,
몇 마리나 죽었는지 알기 힘들 것 같아.

수달
맞아. 내가 본 것보다 훨씬 더 많은
동물들이 로드킬을 당하고 있겠지.

고라니

정말 무서운 세상이야.

로드킬을 당하는 동물의 종류

어떤 동물들이 로드킬을 당하고 있을까요?
가장 많이 발견된 건 고라니와 고양이예요.

고라니는 덩치가 크기 때문에 도로 위에서 로드킬 사고가 나면
운전자도 위험할 수 있어요. 고라니와 부딪히면
피해가 크기 때문에 다른 동물보다 기록이 잘 남겨져 있지요.
고양이는 주로 도시에서 생활해요. 자동차가 많은 도시를
자주 돌아다니는 만큼 많은 고양이가 로드킬을 당해요.

땅 위에 사는 척추동물● 중에서는 고라니와 고양이가 속한
포유류가 로드킬을 가장 많이 당했어요. 두꺼비·개구리가 속한
양서류, 꿩·까치·비둘기가 속한 조류, 뱀·구렁이가 속한
파충류 순서대로 로드킬을 많이 당하고 있어요.

로드킬이 일어나도 크기가 작은 동물은 로드킬을 당했는지
잘 알 수 없어요. 크기가 작기 때문에
도로에서 흔적이 금방 사라져 버리거든요.
그러니까 사람들이 발견한 것보다 더 많은 동물들이
로드킬을 당하고 있을 거예요.

● **척추동물** 사람처럼 등뼈가 있는 동물. 등뼈가 없는 동물보다 몸이 더 크다.

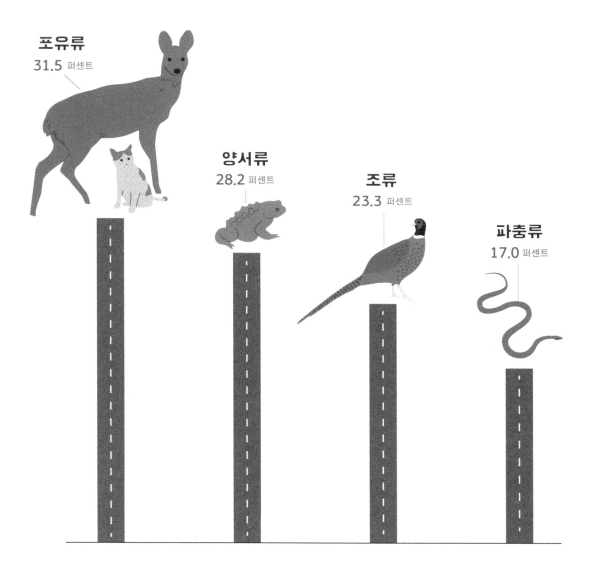

로드킬을 많이 당하는 동물 순서

포유류
31.5 퍼센트

양서류
28.2 퍼센트

조류
23.3 퍼센트

파충류
17.0 퍼센트

고라니

고라니는 사슴과 비슷하게 생긴 동물이에요.
우리나라에 살고 있는 고라니 70만 마리 중에
2019년부터 2021년까지 로드킬을 당했다고
기록된 고라니는 3만 마리나 돼요.

자동차에 치인 후 도망가다가 죽은 고라니, 도로 옆으로
튕겨져 나간 고라니 등 발견되지 않은 고라니까지 더하면
훨씬 더 많은 고라니들이 로드킬로 죽고 있을 거예요.

우리가 발견한 로드킬 사고는 실제로 일어난 로드킬 사고의
절반밖에 안 돼요. 로드킬당한 고라니가 3만 마리 발견됐다면,
실제로 로드킬당한 고라니는 6만 마리인 거예요.

발견한 3만 마리도 우리나라에 있는 도로 중에서
시골에 있는 도로나 넓은 도로에서만 발견한 거예요.
도시에 있는 도로, 좁은 도로에서 일어난 로드킬까지 합치면
훨씬 많겠지요. 우리가 알지 못하는 로드킬이
얼마나 더 있는 걸까요?

사진 2-1 고라니

고양이

고양이는 우리 주변에서 흔히 볼 수 있는 동물이에요.
강아지처럼 집에서 반려동물로도 키우지만 길거리에 사는
고양이도 많아요.

우리나라의 모든 도시에서 발견된 고양이 로드킬을 다 합치면
1년에 1만 5천 마리나 돼요. 하지만 실제로 일어난 로드킬
횟수는 발견된 숫자의 2배이지요. 그러니 매년 3만 마리의
고양이가 도시에서 로드킬을 당하고 있는 거예요.

시골에서는 고양이가 고라니보다 로드킬을 더 많이
당해요. 고라니 6만 마리가 로드킬을 당할 때 시골에 사는
고양이 6만 7천 마리가 로드킬을 당하고 있어요.

고양이는 도시와 시골을 합쳐서 1년에 거의 10만 마리가
로드킬을 당하는 거지요.

사진 2-2 고양이

양서류

도로에서 두꺼비나 개구리를 본 적 있나요?
두꺼비, 개구리 등이 속한 양서류는 보통 여러 마리가 함께
이동하며 생활해요. 그래서 양서류는 로드킬을 당할 때
여러 마리가 함께 당해요.

양서류 중에서 로드킬이 가장 많이 발견된 건 두꺼비예요.
개구리나 도롱뇽 같은 다른 양서류는 로드킬을 당했더라도
피부가 얇아서 흔적이 금방 사라져 버려요. 그래서 로드킬을
당했더라도 발견하기가 어렵지요. 하지만 두꺼비는 피부가
두껍기 때문에 흔적이 금방 사라지지 않아서 많이 발견됐어요.

사진 2-3 두꺼비

파충류

파충류는 날이 추울 때 따뜻한 곳을 찾아다녀요. 몸 밖의
온도에 따라 몸의 온도가 달라지기 때문에 따뜻한 곳으로
가야지만 몸을 따뜻하게 유지할 수 있거든요.

그래서 파충류는 도로 위로 자주 올라와요. 도로는 낮 동안
햇볕을 많이 받아서 저녁에도 따뜻하기 때문이에요. 이렇게
파충류는 도로 위를 좋아하기 때문에 로드킬을 많이 당해요.

양서류와 파충류 모두 몸집이 작고, 이동하는 속도가 다른
동물보다 느려요. 그래서 로드킬을 당하기 쉽지만, 발견되기는
어려운 동물들이에요.

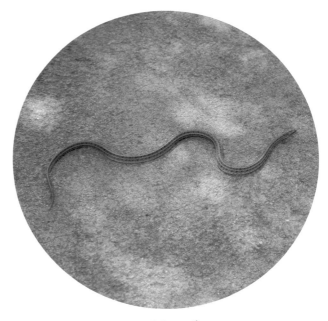

사진 2-4 뱀

조류

조류는 까치, 참새, 비둘기처럼 하늘을 나는 새를 뜻해요.
하늘을 나는 새가 왜 로드킬을 당할까요?

새들은 나무와 나무 사이, 풀과 풀 사이로도 날아다녀요.
새 중에서도 높은 나무 사이만 날아다니는 새가 있고,
낮은 나무 사이만 날아다니는 새가 있어요. 새마다 날아다니는
높이가 다르지요.

새 중에서는 꿩이 로드킬을 가장 많이 당해요. 꿩은 풀숲처럼
주로 낮은 곳에서만 날아다녀요. 날아다니는 속도는 빠르지만
낮게 날고, 자동차를 보면 깜짝 놀라서 빨리 피하지도 못해요.

까치는 꿩보다 도로 위를 더 많이 날아다니지만 꿩 5마리가
로드킬을 당할 때 까치는 1마리만 로드킬을 당해요. 까치는
자동차가 가까이 오면 자기가 위험하다는 걸 알아차리고
빨리 피하기 때문이에요.

새들은 낮게 날아다니거나 차를 보고 빨리 피하지 못할 때
로드킬을 당할 수 있어요.

사진 2-5 꿩

멸종 위기 동물

멸종 위기 동물이란 살아남은 동물의 수가 너무 적어서
곧 완전히 사라질 수 있는 동물을 뜻해요. 멸종 위기 동물이
죽으면 1마리가 죽는 데에서 끝나는 게 아니라
그 동물 자체가 지구에서 완전히 없어질 수도 있어요.

멸종 위기 동물이 사라지지 않도록 노력해야 하는 이유는
한 종류의 동물이 사라질 때 다른 동물에게도
큰 영향을 끼치기 때문이에요.

인간과 동물, 식물은 지금까지 서로를 도우며 살아왔어요.
오랜 시간을 함께 살아오면서 서로 행복하게 잘 살 수 있도록
질서를 만들었지요. 그런데 어느 하나가 사라져 버린다면
더 이상 예전처럼 살 수 없게 돼요.

멸종 위기 동물 중 로드킬을 가장 많이 당하는 동물은
수달과 삵이에요.

수달

수달은 강이나 시냇물처럼
물이 있는 곳 가까이에 살아요.
수달은 다양한 동물을 잡아먹어서
동물이 너무 많아지지 않게
조절해 주는 역할을 해요. 수달이
사라지면 동물이 너무 많아져서
자연이 파괴될 수도 있어요.

사진 2-6 수달

삵

삵은 주로 작은 쥐를 잡아먹어요.
이 쥐들은 대부분 사람에게 피해를
주는 바이러스를 가지고 있지요.
삵이 쥐를 잡아먹어 주기 때문에
사람들이 바이러스에 걸리지
않을 수 있어요. 삵이 사라지면
삵이 하던 일을 누가 대신할 수
있을까요?

사진 2-7 삵

3부

로드킬이 일어나는 이유

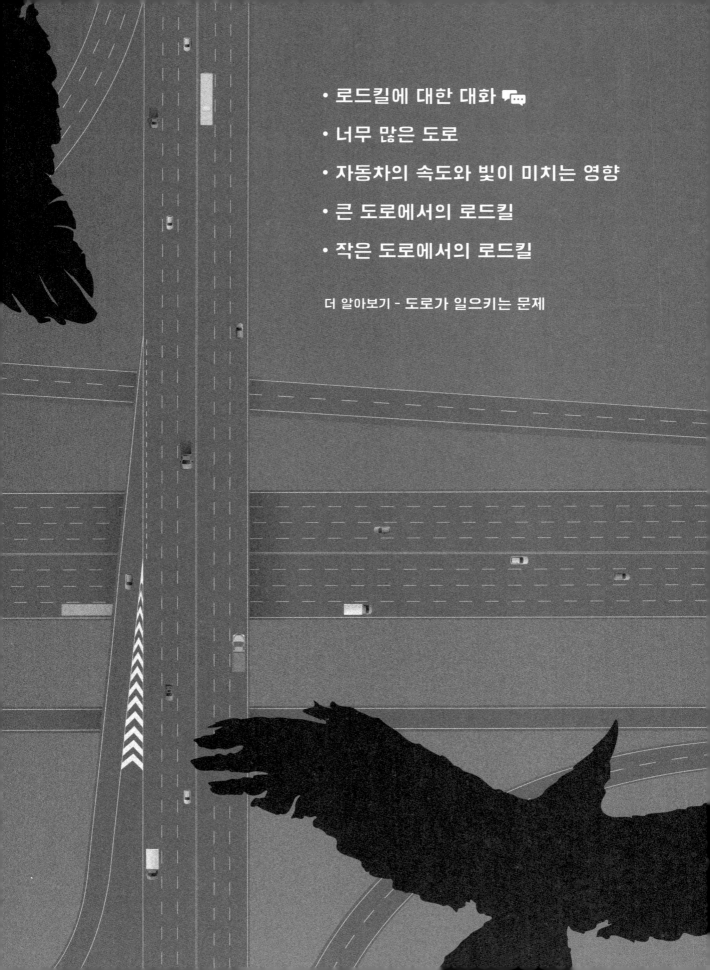

로드킬에 대한 대화 💬

 고라니

수달아, 너는 요새 어딜 가장 자주 가?

수달

요즘은 먹이 구하는 곳, 자는 곳, 쉬는 곳,
이렇게 3곳인 것 같아. 너는?

 고라니

나도 비슷해. 근데 얼마 전에 먹이 구하는 곳이랑
자는 곳 사이에 엄청나게 큰 도로가 생겼어.

수달

나도 먹이 구하는 곳이랑 쉬는 곳 사이에
도로가 2개나 새로 생겼어.

지나갈 때마다 겁이 나.

 고라니

나도 너무 겁이 나. 심지어
도로 한가운데에 큰 벽도 생겼어.

수달

벽이 있다고? 그러면
어떻게 그 도로를 건너가?

 고라니

다른 고라니 친구가 도로 위로 지나갈 수 있는
다리가 있다는 걸 알려 줬어.

걔가 아니었다면 난 아마
도로 한가운데에 갇혀 버렸을 거야.

수달

도로에 갇힌다니… 생각만 해도 무서워.

37

너무 많은 도로

집이나 학교, 회사처럼 내가 자주 가는 장소를 생각해 보세요.
자주 가는 장소가 모두 가까이에 있으면 좋겠지만
어떤 장소는 거리가 아주 멀기도 해요.

동물도 마찬가지예요. 동물들은 먹이를 구하기 위해,
물을 마시기 위해, 새끼를 키우기 위해 이곳저곳을
돌아다녀요. 동물들은 이 장소들을 자주 돌아다니지요.

우리나라에 사는 동물들은 자주 찾는 장소로 갈 때
도로를 1번 또는 2번은 꼭 지나가야 해요.
그만큼 도로가 많기 때문이에요.
1년 동안 100번 넘게, 많으면 1,000번 넘게 도로를
지나가야 해요. 그렇게 도로 위를 자주 지나다니다가
단 한 번의 사고로 로드킬을 당해요.

사진 3-1 너무 많은 도로와 자동차

자동차의 속도와 빛이 주는 영향

자동차를 타고 흙이 잔뜩 깔린 도로를 지나가 본 적 있나요?
여기저기 흙이 파여 있어서 차를 타고 있어도
도로가 울퉁불퉁한 게 느껴져요.

도시에 있는 도로는 모래와 자갈을 섞은 재료로 만들어서
도로가 울퉁불퉁하지 않아요. 자동차에 탄 사람도 편하고,
자동차도 빨리 달릴 수 있어요.

다니는 길이 편해진 만큼 자동차들은 더욱더 빨리 달리기
시작했어요. 한국에 사는 대부분의 동물들은 자동차가 달리는
속도보다 느려서 로드킬을 피하기가 어려워요.

밤에 주로 활동하는 동물들은 어둠에 익숙하기 때문에 빛이
없어도 잘 돌아다닐 수 있지요. 밤에 자동차들이 켜는 밝은
불빛을 보게 되었을 때, 동물들이 피하지 못하는 이유예요.

그런데 도로 위에서 갑자기 자동차의 밝은 빛을 보면 눈앞이
잠깐 동안 안 보이게 돼요. 깜짝 놀라서 그 자리에 가만히
서 있게 되지요.

사진 3-2 빛 때문에 눈이 부셔서 멈춰 버린 멧토끼

ⓒ 최태영

큰 도로에서의 로드킬

자동차가 다니는 도로 한 줄을 '차로'라고 해요.
차로가 4개 넘게 있으면 큰 도로라고 하지요.
차로가 2개인 도로는 작은 도로예요.
큰 도로와 작은 도로에서 일어나는 로드킬은 어떻게 다를까요?

고속도로는 큰 도로에 속해요. 아주 큰 고속도로는
차로가 10개가 넘기도 해요. 그만큼 도로가 넓고,
다니는 차도 많아요. 고속도로는 신호등, 횡단보도가
없는 도로여서 중간에 멈추지 않고 계속 달릴 수 있어요.
자동차가 다니는 속도도 다른 도로보다 훨씬 빠르지요.

고속도로에서 일어나는 로드킬은
고속도로에 처음 와 본 동물이 많이 당해요.
사실 고속도로에는 동물이 자동차를 피해 건너갈 수 있는
여러 가지 통로가 있어요. 하지만 고속도로에
처음 와 본 동물은 어디에 어떤 통로가 있는지
잘 알지 못하지요.

통로를 찾았다고 해도 다른 동물들의 오줌 같은 흔적 때문에
통로를 쉽게 이용하지 못해요. 동물은 자신의 영역이라고
생각하는 곳에 오줌을 누고, 다른 동물이 오지 못하게 하거든요.

게다가 도로 한가운데에는 자동차들끼리 서로 부딪치지
않도록 세운 벽이 있어요. 산에 있는 돌과 흙이 도로로
내려오지 않도록 세운 벽도 있고요.
결국 우연히 고속도로 위에 올라오게 된 동물은
어디로 가야 할지 모른 채 도로 위에 갇히게 돼요.

큰 도로는 작은 도로만큼 동물이 자주 오지는 않지만
한번 오게 되면 로드킬을 피하기가 어려워요.

사진 3-3 동물이 한번 들어오면 빠져나가기 어려운 고속도로

작은 도로에서의 로드킬

작은 도로는 도시보다 사람이 덜 사는 시골에 많아요.
작은 도로에는 자동차가 별로 없지요. 그리고 중간중간에
신호등이 있어서 작은 도로에 다니는 자동차는
큰 도로에 다니는 자동차보다 빨리 다니지 못해요.

작은 도로에는 동물이 지나다닐 수 있도록 만들어 놓은 통로가
따로 없어요. 하지만 동물을 갇히게 하는 벽이 없기 때문에
동물이 자유롭게 도로 위를 지나다닐 수 있지요.

작은 도로에는 벽이 없어서 어떤 동물이든 도로 위로
쉽게 올라올 수 있어요. 그래서 도로 근처에 사는 동물,
이 도로를 자주 지나다니는 동물이 주로 로드킬을 당해요.
작은 도로에서는 처음 와 본 동물도 자동차를 보면
도로 밖으로 언제든지 피할 수 있어요.
작은 도로는 큰 도로보다 동물이 훨씬 많이 지나다니지만
로드킬을 당하는 경우는 더 적지요.

사진 3-4 도로 밖으로 튕겨 나간 꿩

도로가 일으키는 문제

사라져 가는 동물들의 집

새로운 도로가 생기면 어떤 일이 벌어질까요?
동물이 살던 땅의 크기는 도로가 생긴 만큼 줄어들어요.
하나였던 땅은 두 개로 나눠지고요. 동물들이 살던 곳이
쪼개지고, 줄어드는 거예요.

도로에서 멀리 떨어진, 넓은 땅 가운데에서 살던 동물들은
원래 살던 곳을 떠나 새로운 집을 찾아야만 해요.
사람들이 오지 않던 넓은 땅도, 깊숙한 숲에서만 자라던
나무와 풀도 사라졌거든요. 살기 위해 필요한 것들이
모두 사라진 거예요.

도로가 생기면 도로 주변 모습도 달라져요.
사람이 갈 수 없던 곳에 자동차를 타고 갈 수 있게 된 만큼
사람들이 도로 주변에도 더 자주 찾아가게 되지요.
도로 주변에 있는 나무와 풀을 없애고 건물을 짓거나
농사를 짓기도 해요. 도로가 생기면 도로 주변도
동물들이 살 수 없는 곳으로 바뀌는 거예요.

우리 집이
없어졌어.

문제는 옛날 고속도로

가끔 도시 중심에 멧돼지가 나타나기도 해요.
멧돼지는 의심이 많고 똑똑해서 자동차가 지나다니는 도로를
함부로 건너지 않아요. 그런데 멧돼지는 어쩌다가 살던 곳을
벗어나서 도시 중심까지 오게 된 걸까요?

도시에 있는 도로는 대부분 벽이 없기 때문이에요.
고속도로에 있는 자동차 사고를 막기 위한 벽, 산에서 돌과 흙이
내려오지 않게 하려고 세운 벽이 도시에 있는 큰 도로에는
없어요.

그래서 자동차가 많이 다니지 않는 시간에는 동물도 자유롭게
도시에 있는 도로를 지나가지요. 멧돼지도 우연히
도로 몇 개를 건너다가 도시 중심까지 와 버린 거예요.

최근에 지은 고속도로에는 중간중간 동물이 지나갈 수 있는
터널이나 다리가 있어요. 동물이 살던 땅이 쪼개지지 않고
계속 연결될 수 있도록 한 거죠. 오래전에 지은 고속도로에는
동물이 이동하는 걸 도와주는 터널, 다리 같은 게 없어요.
동물의 이동을 막는 벽만 있지요.

그래서 한국에 있는 여러 종류의 도로 중 동물의 이동을
가장 방해하는 도로는 오래전에 지어진 고속도로예요.

사진 3-5 도로에 갇힌 두더지

4부
로드킬에 대처하는 자세

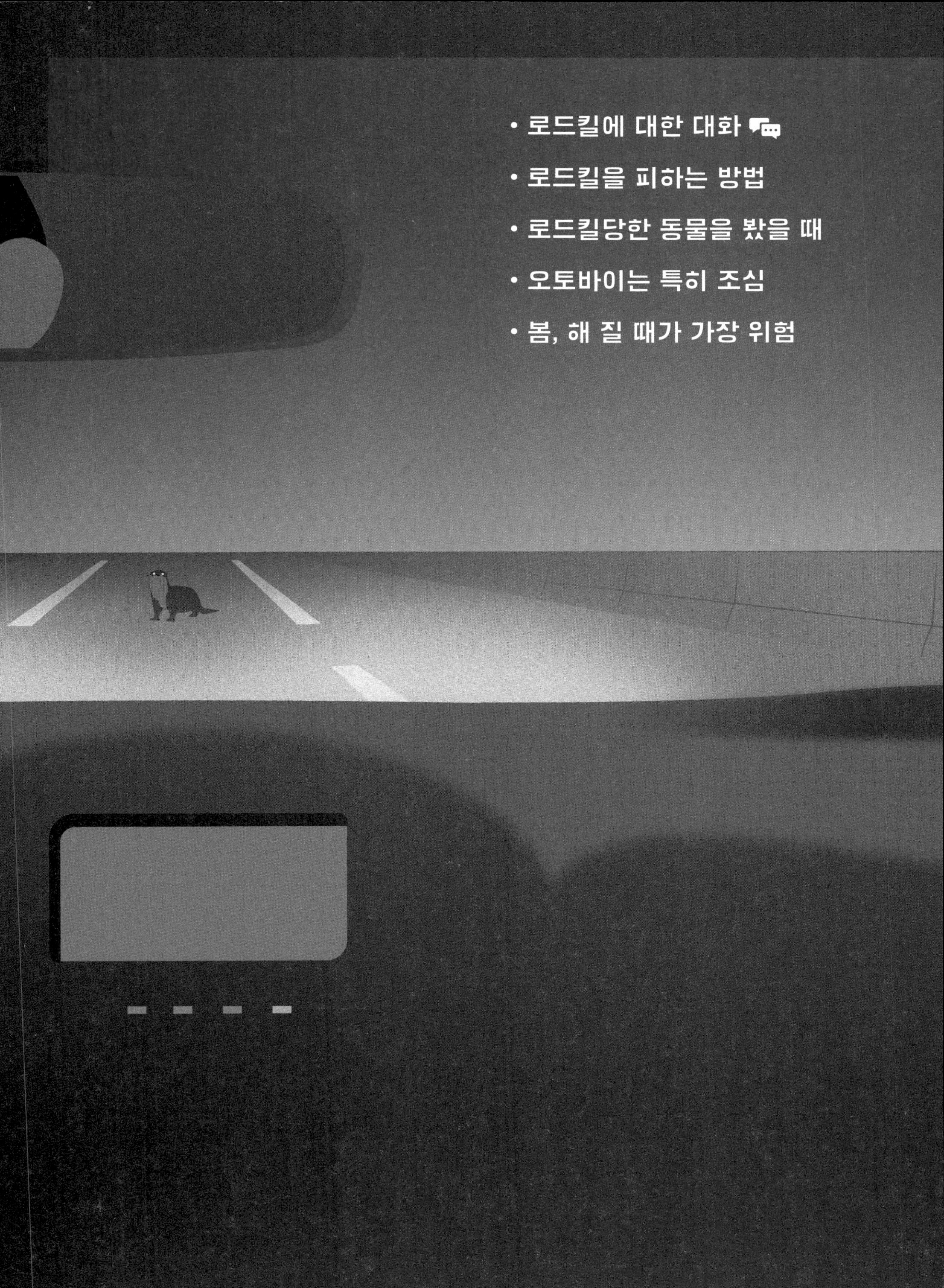

- 로드킬에 대한 대화
- 로드킬을 피하는 방법
- 로드킬당한 동물을 봤을 때
- 오토바이는 특히 조심
- 봄, 해 질 때가 가장 위험

로드킬에 대한 대화

수달
> 고라니야, 나 어제 큰일 날 뻔했어.

고라니
왜 그래. 무슨 일이야?

수달
> 어제 로드킬을 당할 뻔했어.
> 깜짝 놀랐지 뭐야.

고라니
괜찮아? 다친 데는 없어?

수달
> 다행히 다친 데는 없어.
>
> 도로에 자동차가 한 대밖에 없어서
> 날 조심히 피해 가더라.

고라니
정말 다행이다. 저번에 나랑
부딪힐 뻔한 자동차도 그랬어.

수달
> 운이 좋았던 것 같아.
>
> 자동차가 너무 가까이에 있었거나,
> 도로에 다른 자동차들이 많았다면
> 날 피하기 어려웠을 거야.

고라니
정말 다행이다… 사람들이 우리를
치지 않을 좋은 방법이 어디 없을까?

로드킬을 피하는 방법

내가 자동차를 운전하고 있을 때 도로 위에
동물이 나타난다면 어떻게 해야 할까요?

동물이 멀리 있다면 먼저 주변을 살펴봐요. 뒤나 옆에 다른
자동차가 있다면 비상등을 켜고, 경적*을 울려서 위험한
상황이라는 걸 알려요. 그다음에는 자동차 속도를 줄이고
동물을 피해서 운전해요.

동물이 가까이 있다면 급하게 자동차를 멈추거나,
동물을 피하려고 갑자기 자동차의 방향을 바꾸지 마세요.
근처에 있던 다른 자동차와 부딪혀 더 큰 사고가 날 수 있어요.

만약 동물과 부딪혔다면 우선 안전한 곳이 나타날 때까지
계속 운전해 가요. 안전한 곳에 멈춰서 자동차가 망가지진
않았는지 확인하고 도로를 관리하는 기관에 연락해요.
어느 도로, 어느 위치에서 로드킬 사고가 일어났다고 알려요.

● **경적** 자동차 핸들 가운데를 누르면 나는 소리. 위험한 상황을 알릴 때 경적을 울린다.

© 최태영

사진 4-1 도로 위의 꺼병이

로드킬당한 동물을 봤을 때

로드킬당한 동물을 봤을 때는 어떻게 해야 할까요?
도로를 관리하는 기관, 동물을 보호하는 기관 등에 연락해요.
어떤 도로에서 로드킬당한 동물을 봤는지에 따라 연락해야
하는 곳이 달라져요.

고속도로에서 운전하고 있었다면 정부민원안내콜센터나
한국도로공사에 전화로 신고해요. 어떤 방향으로 가고 있었는지,
도로 위 표지판 숫자 등을 알려 주면 도로를 관리하는 직원이
로드킬이 일어난 곳을 더 빨리 찾을 수 있어요.

고속도로가 아닌 도로에서 운전하고 있었다면 지역 콜센터에
전화로 신고해요. 만약 멧돼지처럼 큰 동물이 로드킬을
당했다면 소방서에 신고해요.

신고 후 로드킬당한 동물을 안전한 곳으로 옮기고 싶다면
먼저 내 주변이 안전한지 확인해야 해요. 로드킬이
일어났다는 걸 다른 자동차들도 알고 천천히 운전할 만큼
안전한 상황이어야 하죠. 안전하지 않다면 함부로 동물을
옮기지 마세요.

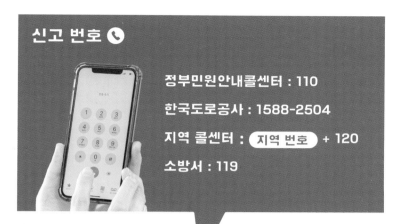

신고 번호 📞

정부민원안내콜센터 : 110

한국도로공사 : 1588-2504

지역 콜센터 : 지역 번호 + 120

소방서 : 119

사진 4-2 로드킬당한 동물을 봤을 때 신고하는 방법

오토바이는 특히 조심

로드킬이 일어난다고 해서 무조건 자동차가 뒤집어지거나,
다른 자동차와 부딪히는 등 큰 사고가 일어나는 것은 아니에요.

도로 위를 다니는 대부분의 동물은 자동차보다 작고,
자동차는 위, 아래, 옆이 다 막혀 있어서 운전자가 안전하게
보호받을 수 있어요. 그래서 로드킬이 일어났을 때,
사람이 크게 다치거나 죽는 일은 많지 않아요.

하지만 오토바이는 달라요. 오토바이는 자동차처럼 크지 않아서
동물과 부딪혔을 때 오토바이와 운전자 모두 도로에 넘어지는
경우가 많아요. 그때 다른 자동차에 치여서 사람이 죽거나
다칠 수 있지요. 이미 로드킬을 당해 도로 위에 죽어 있는 동물도
오토바이를 탄 사람에게는 위험해요. 오토바이가 균형을 잃고
넘어질 수도 있거든요.

그래서 도로 위에 죽어 있는 동물을 봤다면 꼭 신고해야 해요.
오토바이 운전자는 사고가 나더라도 더 크게 다치는 일이
없도록 헬멧 같은 안전 장비를 꼭 써야 하고요.

사진 4-3 도로에 넘어진 오토바이

봄, 해 질 때가 가장 위험

1년 중 로드킬을 가장 조심해야 하는 때는 5월과 6월이에요.
로드킬을 많이 당하는 동물 중 하나인 고라니가
가장 자주 돌아다니는 시기거든요.

특히 이때는 어린 수컷 고라니들이 엄마에게서 떨어져 나와
혼자 생활하기 위해 이곳저곳을 돌아다녀요.
어린 고라니는 도로, 자동차가 익숙하지 않아서
로드킬을 당할 위험이 더 커요.

그럼 하루 중 고라니가 가장 자주 돌아다니는 시간은
언제일까요? 고라니는 밤에 주로 활동하는 동물이에요.
해가 떠 있는 낮보다 해가 진 시간에 더 많이 돌아다녀요.

5월, 6월에는 해가 지기 시작하는 저녁 7시와 8시 사이에
고라니의 하루가 시작돼요. 같은 시간에 대부분의 사람들은
할 일을 끝내고 집으로 이동해요. 서로 돌아다니는 시간이
딱 겹치게 되지요. 그래서 5월과 6월, 저녁 7시에서 8시 사이에
로드킬이 일어날 위험이 가장 커요.

고라니가 많이 다니는 시기

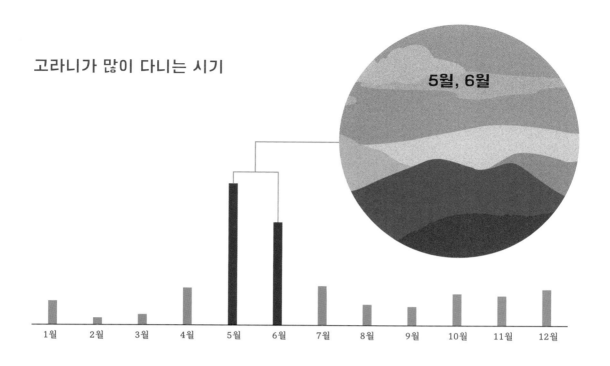

5월, 6월

1월 2월 3월 4월 5월 6월 7월 8월 9월 10월 11월 12월

고라니가 많이 다니는 시간

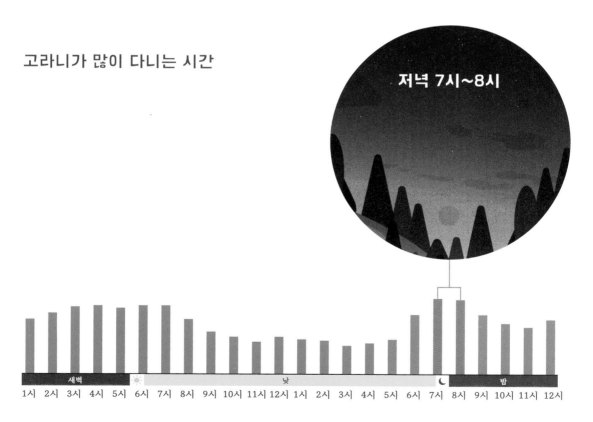

저녁 7시~8시

새벽   낮   밤

1시 2시 3시 4시 5시 6시 7시 8시 9시 10시 11시 12시 1시 2시 3시 4시 5시 6시 7시 8시 9시 10시 11시 12시

5부
로드킬을 막기 위한 방법

로드킬에 대한 대화 💬

 고라니

수달아, 옆 동네로 가는 도로 옆에
울타리가 쭉 쳐져 있더라.

우리 이제 옆 동네에 못 가는 건가?

수달

그 울타리 어제 새로 생긴 것 같아.

근데 울타리를 따라서 계속 걷다 보니까
울타리가 없는 곳이 나오더라.

 고라니

정말? 그럼 옆 동네로 갈 수 있는 거지?

수달

응. 울타리 없는 곳에 옆 동네로
갈 수 있는 통로가 있던데?

 고라니

그게 '생태통로'인가?

도로 위로 동물이 지나갈 수 있도록 만든
길이 있다고 들었거든.

수달

그럼 그게 생태통로인가 봐. 사람은
안 지나다니고 풀이랑 나무가 많더라구.

 고라니

다행이다. 울타리에 막혀서
옆 동네로 못 가는 줄 알았어.

수달

건너기 힘든 도로마다 그 위에
생태통로가 있으면 좋을 텐데, 그치?

고속도로에는 울타리를 꼭 설치

도로마다 로드킬이 일어나는 이유가 달랐던 것처럼
로드킬이 일어나지 않게 하는 방법도 도로마다 달라요.
고속도로에서는 어떻게 해야 로드킬을 막을 수 있을까요?

고속도로는 아주 넓어서 동물이 도로 위에 올라왔을 때
빠져나가는 길을 찾기 어려워요. 그래서 동물이 도로 위로
올라올 수 없도록 하는 게 로드킬을 막을 수 있는 가장 좋은
방법이에요.

고속도로는 사람들이 중간중간 자동차에서 내리거나 탈 일이
없어요. 도로 위를 자동차만 다닐 수 있어서 도로 옆을 울타리로
막아도 사람들이 불편하지 않아요. 그래서 고속도로에서는
도로 옆으로 울타리를 쳐서 동물이 도로 위로 올라오지 못하게
막을 수 있지요.

사진 5-1 야생동물주의 표지판과 울타리

큰 도로에는 다양한 시설이 필요

고속도로가 아닌 큰 도로에서는 사람이 자동차에 자주 타고
내려요. 고속도로가 아닌 큰 도로는 고속도로와 다르게 더 많은
도로와 연결되어 있지요. 동물이 도로 위로 올라올 수 있는 길이
고속도로보다 많은 거예요.

도로 옆으로 울타리를 세운다고 해도 도로 위로 동물이
올라오는 것을 완전히 막기는 어려워요.

그래서 울타리뿐만 아니라 다른 시설도 필요해요.
다른 길과 연결된 곳에는 동물이 밟기 싫어하는 느낌의
바닥을 깔아서 동물이 도로로 올라오지 못하게 막아요.
이걸 **노면 진입 방지 시설**이라고 해요.

도로에 갇힌 동물이 울타리 바깥으로 빠져 나올 수 있도록
경사로를 만들어 놓기도 해요. 울타리 높이만큼 흙을 쌓아 올려서
동물이 울타리 밖으로 넘어갈 수 있게 하는 거예요.

그림 5-1 노면 진입 방지 시설

그림 5-2 경사로

작은 도로에서는 운전을 천천히

작은 도로는 주변에 있는 마을이나 논밭으로 이어지는
길이 많아요. 고속도로처럼 길이 하나로 쭉 이어진 것이
아니라 길이 2개, 3개로 자주 나눠져요.
그래서 도로를 따라 울타리를 설치하려고 해도
중간중간 울타리가 끊기는 곳이 많아요.

길이 작고 여러 길이 서로 연결되어 있기 때문에
동물이 큰 도로보다 더 쉽게 도로 위로 올라올 수 있어요.
게다가 도로가 좁기 때문에 도로를 건널 때 안전한 통로를
찾으려고 하기보다는 아무 곳에서나 건너려고 하는 경우가 많아요.
마치 사람도 큰 도로에서는 횡단보도로 건너려고 하지만
작은 도로에서는 아무 곳에서나 건너려고 하는 것처럼요.

그렇기 때문에 작은 도로에서는 자동차가 천천히 움직이는 게
로드킬을 막을 수 있는 가장 좋은 방법이에요.

사진 5-2 작은 도로

생태통로란?

도로 옆에 울타리를 설치하는 건
동물들이 도로 위로 올라가지 못하게 막는 방법이에요.

그래서 울타리를 설치해 두면 동물이 로드킬당하는 건
막을 수 있지만 동물이 마음대로 이동할 수는 없게 되지요.

그래서 필요한 게 바로 '생태통로'예요. 생태통로를 이용하면
동물이 자동차가 다니는 도로를 이용하지 않고도
안전하게 다른 지역으로 이동할 수 있어요. 생태통로는
도로 때문에 막혔던 동물의 땅을 다시 이어 주는 역할을 해요.

생태통로는 울타리가 많이 설치되어 있어서 동물이 다른 곳으로
이동하기 어려운 지역에 많이 만들어요. 울타리가 없더라도
도로 한가운데에 벽이 있거나 산을 깎아서 만든 도로처럼
동물이 이동하기 어려운 지역에 필요해요.

사진 5-3 추풍령 생태통로

생태통로의 종류와 이용하는 동물

생태통로에는 두 가지 종류가 있어요. 도로 위에 설치하는
육교형 생태통로와 도로 아래에 설치하는 **터널형 생태통로**예요.
육교형 생태통로는 생태통로 아래로 자동차가 지나다녀요.
반대로 터널형 생태통로는 생태통로 위로 자동차가 지나다녀요.

생태통로의 종류에 따라 생태통로를 이용하는 동물도 달라요.
나무, 풀을 뜯어 먹는 초식 동물은 겁이 많아서
새로운 장소를 무서워해요. 그래서 나무, 풀, 돌 등으로 꾸며진
육교형 생태통로를 자주 이용하죠. 평소에 생활하는 곳과
비슷한 모습이기 때문이에요.
터널형 생태통로는 통로 안이 어두워서 끝이 잘 보이지 않아요.
겁이 많은 초식 동물은 자주 이용하지 않지요.
다른 동물을 잡아먹는 육식 동물은 겁이 없어서
육교형 생태통로, 터널형 생태통로를 모두 이용해요.

사진 5-4 육교형 생태통로

사진 5-5 터널형 생태통로

우리나라의 생태통로

우리나라는 언제 생태통로를 처음 만들었을까요?
1998년 지리산 국립공원 도로에 생긴 생태통로가
우리나라의 첫 번째 생태통로예요. 이후로 2022년까지
총 540개의 생태통로가 만들어졌지요.

우리나라는 네덜란드, 미국, 프랑스에 이어서
세계에서 4번째로 생태통로를 많이 만든 나라예요.

우리나라의 동물들은 생태통로를 하루에 한 번 넘게 지나다니고 있어요.
고라니, 노루, 멧돼지, 삵, 오소리 등
많은 동물이 생태통로를 이용해 다른 지역으로 이동하고 있지요.

사진 5-6 생태통로를 이용하는 노루

사진 5-7 생태통로를 이용하는 고라니

77

이미 만들어진 도로는
공사할 때가 기회

생태통로를 만들려면 돈, 시간, 사람이 많이 필요해요.
그래서 생태통로가 필요한 곳은 많지만 쉽게 만들 수는 없지요.

특히 이미 만들어진 도로에 생태통로를 만드는 건 더 어려워요.
도로 위를 자동차들이 쌩쌩 달리고 있기 때문에 공사를 하기가
훨씬 더 어려운 거죠. 그래서 생태통로는 처음 도로를 만들 때
함께 만드는 게 가장 좋아요. 이미 지어진 도로라면
도로를 넓히는 공사를 할 때 함께 만들면 좋고요.

생태통로를 만들 때 가장 중요한 점은 동물이 자주 지나다니는
길에 만들어야 한다는 거예요. 동물이 잘 다니지 않는 곳에 만들면
쓰지 않아도 되는 돈, 시간, 사람을 쓰게 되니까요. 마치 사람이
아무도 다니지 않는 곳에 횡단보도를 만드는 것과 같지요.

사진 5-8 공사 중인 생태통로

내용 감수 및 자료 제공에 참여한 국립생태원 연구원
최태영 우동걸 송의근

쉬운 정보 감수에 참여한 사람
김명일 김상욱 이주형 정유민

도로를 건너는 야생동물 쉬운 글과 그림으로 보는 자연 이야기

발행일 2023년 12월 20일 초판 1쇄 발행, 2023년 4월 12일 초판 2쇄 발행 | 엮음 국립생태원
발행인 조도순 | **책임편집** 유연봉 | **편집** 염아름
글·그림·디자인 소소한소통 (쉬운 글 김령아 · 편집 반재윤 · 그림, 디자인 권소희)
발행처 국립생태원 출판부 | 신고번호 제458-2015-000002호(2015년 7월 17일)
주소 충남 서천군 마서면 금강로 1210 | 홈페이지 www.nie.re.kr | 문의 041-950-5999 | 이메일 press@nie.re.kr

◎국립생태원 National Institute of Ecology, 2023
ISBN 979-11-6698-333-7 14400
ISBN 979-11-90518-20-8 (세트)

조심하세요
책을 던지거나 떨어뜨리면 다칠 수 있으니 조심하세요.
온도가 높거나 습기가 많은 곳, 햇빛이 바로 닿는 곳에는 책을 두지 마세요.